探寻系外行星

美国世界图书出版公司（World Book, Inc.）著

郭晓博　译

系外行星是太阳系外行星的简称，泛指在太阳系以外的行星。从1992年人类首次确认系外行星的存在，天文学家一直致力于发现更多的系外行星。你知道系外行星是怎么被发现的吗？知道直到现在已经发现了多少颗系外行星吗？知道系外行星离我们有多远吗？系外行星上有生命吗？天文学家怎么去探测系外行星上是否有生命呢？打开本书，跟天文学家一起去探索系外行星！

北京市版权局著作权合同登记　图字：01-2019-2304号。

图书在版编目（CIP）数据

探寻系外行星/美国世界图书出版公司著；郭晓博译. —北京：机械工业出版社，2019.8（2024.1重印）
书名原文：Alien Planets
ISBN 978-7-111-63169-9

Ⅰ. ①探…　Ⅱ. ①美…②郭…　Ⅲ. ①行星－普及读物
Ⅳ.①P185-49

中国版本图书馆CIP数据核字（2019）第140094号

机械工业出版社（北京市百万庄大街22号　邮政编码100037）
策划编辑：赵　屹　　责任编辑：赵　屹　黄丽梅
责任校对：雕燕舞　　责任印制：孙　炜
北京利丰雅高长城印刷有限公司印刷
2024年1月第1版第11次印刷
203mm×254mm · 4印张 · 2插页 · 56千字
标准书号：ISBN 978-7-111-63169-9
定价：49.00元

电话服务	网络服务
客服电话：010-88361066	机　工　官　网：www.cmpbook.com
010-88379833	机　工　官　博：weibo.com/cmp1952
010-68326294	金　　书　　网：www.golden-book.com
封底无防伪标均为盗版	机工教育服务网：www.cmpedu.com

目 录

序……4
前言……6
什么是行星系？……8
太阳系里有什么？……10
关注：太阳系是如何形成的？……12
什么是系外行星？……14
第一颗被发现的系外行星是什么样的？……16
人类已经发现了多少颗系外行星？……18
宇宙中有多少其他行星系？……20
其他行星系距离我们有多远？……22
其他行星系中也有与太阳类似的恒星吗？……24
关注：其他行星系可能是什么样的？……26
寻找系外行星困难吗？……28
天文学家们如何寻找系外行星？……30
关注：凌星法寻找系外行星……32
天文学家最常用的行星搜寻法是什么？……34
科学家看到过系外行星吗？……36
系外行星像地球吗？……38
什么是超级地球？……40
什么是脉冲星行星？……42
关注：系外行星可能是什么样的？……44
什么是气态巨行星？……46
什么是热木星？……48
什么是热海王星？……50
是什么让地球生机勃勃？……52
系外行星上有生命吗？……54
为什么系外行星的大小至关重要？……56
科学家如何知道系外行星上是否存在生命？……58
有寻找系外行星的新方法吗？……60

序

作为一名在天文领域从事研究二十余年的天文科研人员而言，很高兴近些年有很多不错的天文学作品出现，我一直关注这些作品，特别是科普作品。在过去的几年当中，也做了一些关于天文领域的科普宣传，很高兴能为天文学的科普事业做些事，如今受机械工业出版社的编辑邀请，为这套天文书写推荐序，我感到十分荣幸。

德国的伟大哲学家康德曾经说过："有两种东西，我对它们的思考越是深沉和持久，它们在我心灵中唤起的惊奇和敬畏就会日新月异，不断增长，这就是我头上的星空和心中的道德定律。"我以前碰到过一个资深的国际知名学术期刊的编辑，他说自己曾经做过统计，90%的小朋友对于两样事物很感兴趣，那就是星空和恐龙。无论对于成人还是孩子，了解星空的奥秘可以说是人类心中最原始的一种愿望。

这是一套包含了天文基本知识介绍并且图文并茂的书籍，从最想了解的宇宙知识到银河、再到恒星以及它们的故事，比如宇宙有多大？宇宙是如何产生的？望远镜可以看多远？什么是暗能量？什么是暗物质？等等。凡是我们通常有的疑问，几乎都可以在这套天文书中找到答案。

回想我自己对天文知识的学习，其实还是蛮不易的。小时候同其他的小朋友一样，对于天文很感兴趣，但是在书籍匮乏和经济落后的西北小镇，几乎没有太多的渠道获取最新的天文知识，听到的时常是各种科学谣言，也就是一些天文学名词外加编造出来的故事，很多时候，这些发生在天体当中的事情被说得玄而又玄。在这种情况下，我对天文学的兴趣还能保留下来，之后还考入南京大学系统学习天文学，现在想来着实不易。看了这套书，我时常在想，如果我能够像现在的孩子一样，在我最想了解星空的时候，拥有一套类似这样的天文书，将是何等幸福和满足，在愿望最强烈的时候得到科学的指引，也许能碰撞出更不一样的火花。愿这套书籍能够在读者最想了解星空的时候，帮助读者解答心中的疑惑，坚定理想，对未来充满希望。

尽管这套书针对的读者对象是青少年，不过对于那些同样对星空充满好奇心的成人而言，这套书也是非常不错的选择，是一套可以用来入门的轻松的天文读物，是可以家庭共享的一套书籍。

好书是良师更是益友，希望读者能够开卷受益。

苟利军

中国科学院国家天文台研究员

中国科学院大学天文学教授

《中国国家天文》杂志执行总编

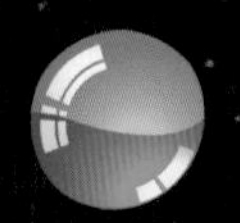

前言

在长达数千年的时间里，人们一直想要知道，自己在宇宙中是否孤独？在地球之外，是否还有其他世界？那些世界里是否有生命存在？1992年，科学家们给出了第一个问题的答案。在分析了大量的早期报告后，天文学家们宣布，他们真正发现了第一颗系外行星。从那时到现在，天文学家们已经确认了超过4000颗系外行星。事实上，在我们所处的银河系区域，系外行星看上去似乎很常见。那么在这些系外行星中，是否有哪一颗行星上存在生命呢？不管是地球上已知的众多生命形式中的一种，还是一种完全不同的生命形式。

天文学家们仍然在孜孜不倦地寻找问题的答案。

▶ 许多新发现的系外行星看上去都与系内行星截然不同。

什么是行星系?

中央星

在行星系里，中央星通常是一颗主要由氢和氦构成的发光气体球。它是行星系中唯一能够主动释放自身光能的天体。这些光来自中央星核心处的核聚变反应，即核心处的高压和高温使氢核融合在一起，产生更重的氦核同时释放出惊人的能量。正是这种能量让中央星发光。

环绕中央星的天体

一个行星系中有许多大小不一的天体，它们都环绕中央星转动。其中，除恒星外最大的天体就是行星。行星是不发光的球形天体，但它能反射来自中央星的光。有时候，行星周围还有更小的被称为卫星的天体环绕着它转动。

比行星小很多，且像岩石或大块金属的天体也可以围绕中央星转动。此外，行星系里的气体和尘埃有时候也会围绕中央星转动。

这是艺术家创作的想象中的图片，从虚构的卫星上看去，系外行星HD 188753 Ab是一颗仅比木星大一点的气态巨行星。HD 188753 Ab被发现于2005年，它围绕一颗中央星转动，这颗中央星与另外两颗恒星组成三星系统。这颗气态巨行星距离地球约149光年，是第一颗在三星系统中发现的行星。

行星系是宇宙空间中的一个天体群，通常由一颗中央星、围绕中央星转动或在中央星附近运动的一颗或多颗行星，以及其他有类似运动状态的天体组成。太阳所在的行星系叫作太阳系。

距离地球较近的行星HD 188753 Ab（图上未显示）围绕中央星以3.3天的周期高速转动着。系统中的另外两颗恒星围绕中央星转动的周期为25.7年，同时它们以156天的周期围绕彼此旋转。

太阳系里有什么?

行星

有八颗大型行星围绕着太阳转动，天文学家将它们分成两种类型。位于火星和木星之间的“小行星带”以内、距离太阳最近的四颗行星被称为带内类地行星，包括水星、金星、地球和火星。它们由岩石和金属构成，并且有固态表面。四颗带外行星包括木星、土星、天王星和海王星，它们比地球大很多，主要由氢和氦构成，拥有厚厚的大气层，但没有固态表面，也被称为气态巨行星。

朝着太阳系的边缘方向，距离太阳更远的是被称为柯伊伯带的冰冻小天体。和这些小天体一起围绕太阳转动的，是一团由气体和尘埃构成的厚厚的云团，被称为行星际介质。

太阳系还包含许多矮行星，这是一种比行星小一些的天体。冥王星在远离太阳的绕日轨道上转动，其曾被认为是一颗行星。国际天文学联合会（为宇宙天体命名的国际机构）后来发布公告称冥王星实际上是一颗矮行星。

小行星、彗星和流星体

大多数小行星都比行星小得多，它们在火星轨道和木星轨道之间的一个轨道上围绕太阳转动。小行星的外形各异且极不规则。目前已知的最大的小行星直径超过了1000千米，最小的小行星直径只有几米。

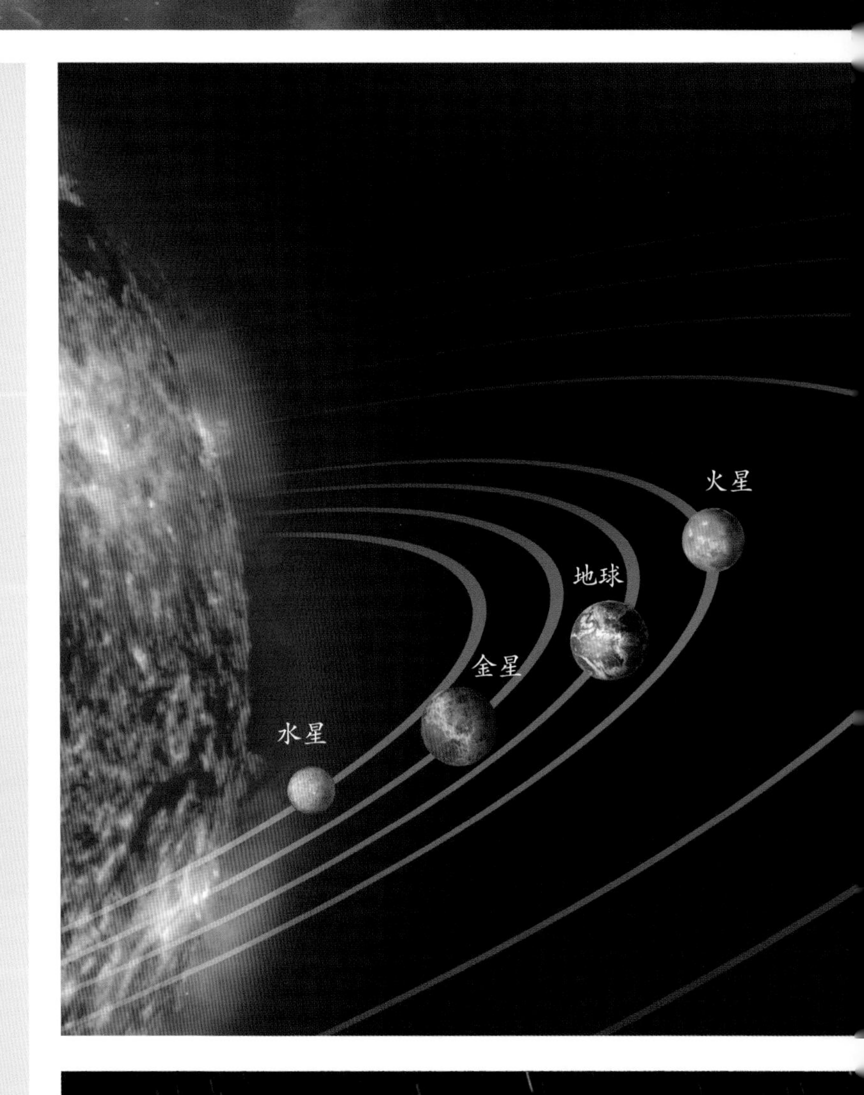

彗星

百武彗星被发现于1996年，是围绕太阳转动的数千颗彗星和小行星中的一颗。这些彗星和小行星中的一些来自于海王星轨道之外很远的地方。彗星的长“尾巴”一般由尘埃、气体和带电粒子构成，这些尾巴的长度可以达到数千千米长。

太阳是太阳系里的中央星。许多天体都围绕太阳转动，它们包括大型行星和它们的卫星，以及小行星、流星体和彗星。

包括地球在内的行星系被称为太阳系。太阳系中有太阳、八大行星、一些被称为矮行星的小行星、100多颗卫星，以及数百万颗小天体。

彗星是由冰块和岩石构成的球状天体。有一些彗星距离地球非常远，所以从地球上根本看不到它们。来自太阳的热量会使彗星上的冰融化，从而在彗星周围形成一团由气体和尘埃构成的云团，被称为彗发。当彗星朝着太阳系内部快速移动时，它会散发出一条由尘埃构成的“尾巴”。

流星体是与小行星类似的岩石碎块或金属碎块，但它们比小行星还要小，有时候会落到地面上。在地球大气层里向下坠落的时候，它们会散发出一条由炽热的气体构成的发光痕迹，这被称为流星。降落到地面的流星体叫作陨石。

关注

太阳系是如何形成的?

1 天文学家相信太阳起源于一个正在旋转的由气体和尘埃构成的云团，他们把这个云团叫作原始太阳星云。原始太阳星云旋转得越来越快，在旋转的过程中，引力逐渐驱使云团中的物质形成一个圆盘状结构。

2 ▶ 强大的引力继续将圆盘中的物质向中心拖拽，这些物质最终形成了太阳。在太阳的核心区域内，高温和高压触发了核聚变反应，太阳从此开始发光。

4 ▼ 太阳释放出的炽热气体形成了太阳风，这是一种穿过太阳系向外传播的带电粒子流。天文学家认为，正是太阳风将带内行星周围的大部分氢气、氦气和其他较轻的气体吹走了。在更远的地方，太阳风很微弱，巨大的带外行星产生的强大引力束缚住了行星上的大多数氢气和氦气。这些带外行星还能将它们体内的大部分轻元素保留下来，因而其最终质量比地球大得多。

3 盘状结构中的其他大量尘埃不断发生碰撞，并且粘在一起。由于碰撞在持续进行，所以这些厚实的团块在不断变大，它们会形成小行星。然后小行星发生碰撞又会形成更大的天体，叫作星子。最终，碰撞的星子会变成行星。

什么是系外行星?

天文学家们一直认为，在我们所居住的星系——银河系——的数千亿颗恒星周围，很可能也有围绕其旋转的行星。这些位于太阳系外的行星被称为系外行星。

天文学家相信，这些系外行星产生于聚集成盘状结构的物质，而这些物质正围绕着遥远的恒星转动。这些盘状结构包括了气体、尘埃以及与太阳系中的小行星类似的岩石块或金属块。天文学家认为，太阳系中的地球和其他行星也是这样形成的。

你知道吗?

事实上，“在天空中还存在着与地球类似的世界，并且这些世界很可能支持生命的存在。”这个观点要一直追溯到古希腊时代。

在一位艺术家的笔下，一颗想象中的系外行星上的岩石周围有水和其他有可能支持生命形成的化学池塘。这颗行星围绕着一颗红矮星转动，红矮星的温度低于我们的太阳。

什么是行星？

- 围绕恒星转动（即公转）。
- 有足够大的质量来克服固体应力，以达到流体静力平衡的形状（即近于球形）。
- 已清空其轨道附近区域（即是该区域内最大天体，能以其自身引力把轨道两侧附近的小天体“吸引”成为自己的卫星）。

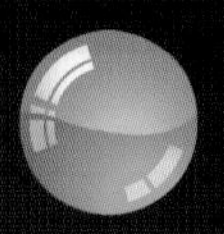

第一颗被发现的系外行星是什么样的?

围绕脉冲星转动的行星

亚历山大·沃尔兹森（Alexander Wolszczan）和戴尔·弗雷（Dale Frail）在波多黎各的阿雷西博天文台（Arecibo Observatory）工作时，发现了第一颗系外行星。这两位天文学家报告称，他们在一颗非常罕见的被称为脉冲星的中子星周围发现了两颗系外行星。他们后来又发现了第三颗围绕在这颗脉冲星周围的系外行星。大多数脉冲星都会定期辐射出强大的射电波。

人类发现的前三颗系外行星（在这张艺术的想象图中，位于左上方）围绕脉冲星（高速自转的中子星）PSR B1257+12转动。

1992年，一位波兰天文学家和一位加拿大天文学家向世人报告称，他们使用一台能够探测深空射电波的望远镜发现了第一颗系外行星。

这颗围绕在脉冲星PSR B1257+12周围的系外行星很可能是一个荒无人烟的世界，它无法支持生命的存在，因为它接收到的脉冲星辐射实在是太强大了。

你知道吗？

即使以光速前进，旅行到最近的系外行星也得用10年的时间。

类太阳恒星周围的系外行星

瑞士天文学家在1995年宣布，他们发现了第一颗围绕在类太阳恒星周围的系外行星。这颗系外行星的大小与木星类似，距离恒星飞马座51非常近。飞马座51距离太阳系约50光年。光年指的是光在宇宙真空中沿直线传播1年的时间所经过的空间距离，约为9.46万亿公里。

人类已经发现了多少颗系外行星？

在地球的夜空中，有两颗被系外行星环绕的恒星非常显眼。它们是牧夫座τ和室女座70，分别位于牧夫座和室女座中。与日地之间的距离相比，这两颗恒星距离它们的行星都太近了（参见本图中的小插图）！

更好的设备

天文学家们相信，得到极大改进的观测设备能够帮助他们找到更多的系外行星。光学望远镜中更灵敏的探测器，可以收集到更多来自遥远恒星发出的可见光。他们还改进了用来分析星光的光谱仪。更为强大的计算机软件能够对遥远恒星在发光和运动方面呈现出变化时所透露出来的信息，进行更好的分析。

自第一颗系外行星于20世纪90年代被发现以后，有越来越多的系外行星进入了人们的视野。到目前为止，天文学家们已经发现了超过4000个这样的外星世界。

最大的行星

截至目前，人类发现的大多数系外行星都非常巨大。它们的体积一般是地球的好几倍。跟探测大小与地球类似的系外行星相比，探测个头巨大的行星要容易得多。

从恒星室女座70的伪彩色照片上看，这颗恒星的直径是太阳的4倍，但却暗弱得多。这是因为它与太阳之间的距离达到了59光年。

在艺术家的想象画中，小行星环和其他尘埃碎片像室女座70的行星一样围绕着它转动。

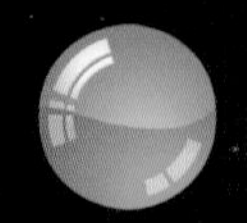

宇宙中有多少其他行星系?

微乎其微的发现

人类目前已经发现了超过3000个行星系。如果在宇宙中这样的系统达到了数十亿个，那么这些已发现的行星系无疑只是庞大总数中微乎其微的一部分。直到20世纪90年代，天文学家们才拥有了足够强大的望远镜和其他工具用以寻找遥远恒星周围的行星系。

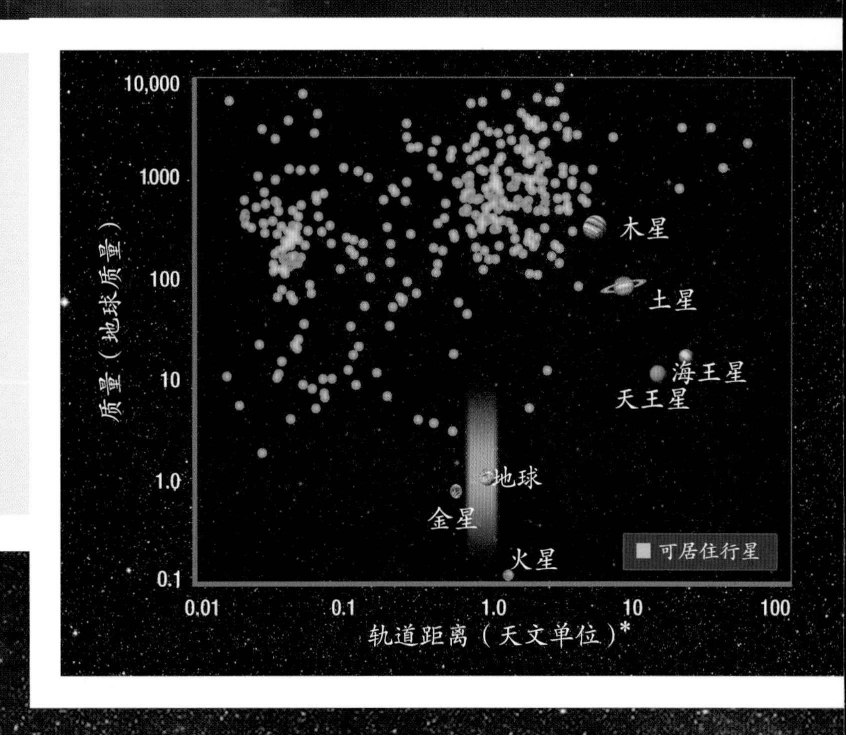

没有人能确定宇宙中究竟有多少个这样的行星系。天文学家估计，在我们银河系中的数千亿颗恒星周围，可能有数十亿个行星系。

到目前为止，人类已经发现的系外行星质量都比地球大得多。与地球环绕太阳的轨道相比，许多系外行星的轨道都过于靠近它们的中央星。

*天文单位（AU）是地球和太阳之间的平均距离，为1.5亿公里。

发现行星的速度不断攀升

自从第一个系外行星被发现以来，人类加快了发现行星的脚步。在开普勒空间望远镜于2009年升空后，天文学家仅在43天中就发现了750多个新的系外行星候选者。更多的探测计划和研究机构也加入到寻找系外行星的行列中。随着探测设备的不断升级和更多空间探测器的发射入轨，发现系外行星的速度已经越来越快了。

数十亿颗恒星挤在一起，共同点亮了银河系中心，其中的许多恒星周围都可能环绕着行星。

其他行星系距离我们有多远？

用光年描述距离

星际空间中的距离实在太远了，以至于天文学家用许多特殊的单位来计量它们。其中一个就是光年，即光在宇宙真空中沿直线传播1年的时间所经过的距离，约为9.46万亿公里。

光年可以让人们知道，以光速前进时，要到达遥远的恒星需要多少年。它也能告诉人们，从恒星发出的光，需要经过多远的距离，才能到达地球。目前已知的最近的系外行星比邻星b围绕比邻星转动，它距离我们只有4.22光年。而已知的最远的系外行星则远在2万光年之外。天文学家希望能在我们所在的银河系区域中发现更多系外行星。

太阳位于银河系中心与边缘连线的中间位置。

最近的系外行星距离地球有多远？

射电信号从月球传输到地球只需要1秒。

射电信号从火星传输到地球需要10分钟。

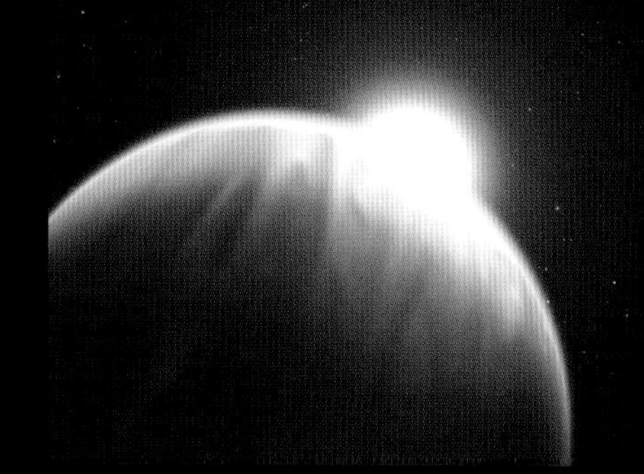

射电信号从最近的系外行星传输到地球需要4年。

人类已知的最近的系外行星围绕比邻星转动，它距离地球4.22光年。最远的系外行星则远在2万光年之外。

为了寻找系外行星，我们已经探测到多远的地方了？

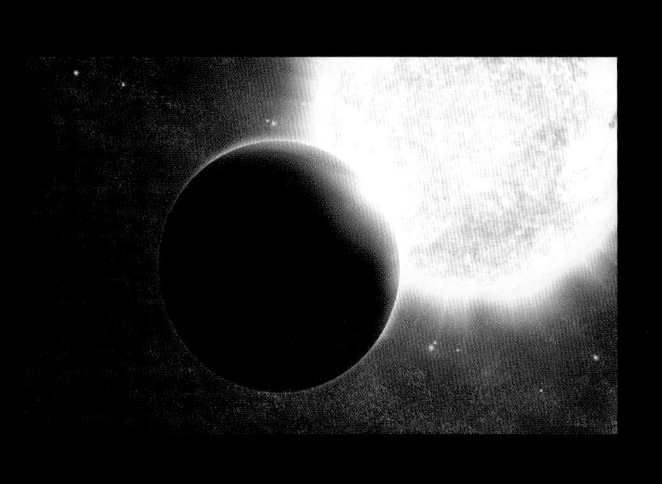

从美国国家航空航天局已经给出的系外行星数据中可以查到，目前已发现的最远的系外行星是SWEEPS-04和SWEEPS-11。这两颗遥远的系外行星发现于2006年的人马光窗掩凌系外行星搜寻计划（SWEEPS），它们位于人马座方向，估计距离为22000光年。

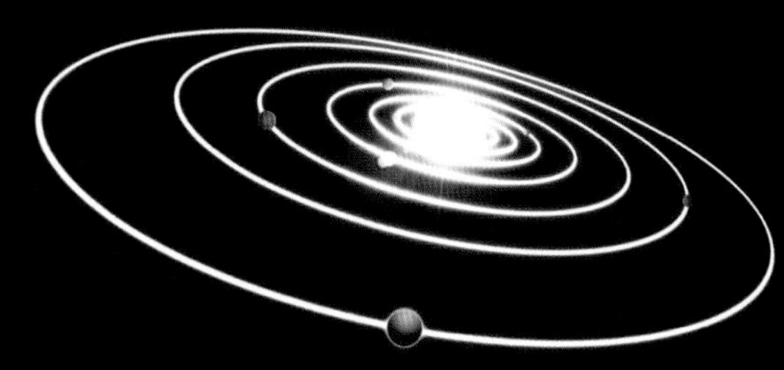

天文单位

天文学家用来计量空间距离的另一个单位是天文单位（AU）。天文单位是太阳和地球之间的平均距离，约为1.5亿公里。天文单位通常被用在描述行星系距离的尺度上，因为在这个尺度上，用英里或是公里做单位数值实在太大了。系外行星飞马座51b的质量是木星质量的一半，在距离中央星0.05天文单位的轨道上转动，这个距离比水星与太阳之间的距离还要小。

有一些被系外行星环绕的恒星，在地球上用肉眼就可以看到。

其他行星系中也有与太阳类似的恒星吗?

在艺术家的描绘下，一颗体积是地球5倍的被冰覆盖的行星正围绕着一颗红矮星转动。

太阳是一颗直径约140万公里的发光气体球，它由一种名为等离子体的物质构成。等离子体可以像气体一样流动，能够移动带电粒子、导电，还会受到磁场的影响。

双星和红矮星

在和太阳大小相近的所有恒星中，有超过一半的恒星是由两颗恒星组成的系统，这个系统叫作双星。引力将两颗恒星吸引到一起，并让它们围绕彼此旋转。天文学家已经在双星周围发现了系外行星。

在行星系的中央经常可以看到一种恒星——红矮星。它们的质量不到太阳的一半，体积很小，发出暗弱红光并且温度相对较低。

大多数遥远的行星系可能有与我们的太阳迥然不同的中央星。

中子星和脉冲星

系外行星也可以围绕中子星转动。这种天体在演化过程中已经耗尽了体内所有的核燃料。大质量恒星在演化到生命的最后阶段时会发生超新星爆发。这种爆发将恒星的外部壳层全部吹跑，只留下恒星的核心部分，这一部分最终会坍缩成一颗致密中子星。

行星系也可以存在于脉冲星周围。脉冲星是一种自转速度非常快的中子星，会从磁极处向宇宙空间发射强大的电磁辐射喷流。由于脉冲星的自转，从远处看去，这个喷流看上去就像是变亮或变暗情况非常规律的脉冲光束或是闪光。

在一位艺术家的笔下，来自一颗破碎小行星身体上的尘埃和岩石块正围绕一颗白矮星转动。天文学家已经在这样的天体周围发现了系外行星。白矮星是由中等质量恒星耗尽了自身的核燃料，将恒星外部壳层抛洒到宇宙空间后，留下的那部分恒星核心形成的。这颗小行星之所以发生碎裂，是因为它距离白矮星太近以至于被其引力撕碎了。

关注

其他行星系可能是什么样的?

其他行星系的中央星与太阳非常不同。这些中央星包括双星、红矮星、中子星和脉冲星。这些系统中的行星体积极其巨大，而且距离它们的中央星非常近。

巨蟹座55A行星系统中有5颗已知的行星，其中的4颗为巨蟹座55e、b、c、d。在艺术家的笔下，它们正围绕着中央星转动（下图是艺术家想象图）。巨蟹座55A距离地球约44光年，是一颗与太阳大小类似的黄色恒星，但比太阳暗淡一些。

艺术家想象的行星巨蟹座55e围绕着中央星巨蟹座55A（左）转动。巨蟹座55e质量与海王星相近，但它与中央星之间的距离比水星与太阳之间的距离还要小。

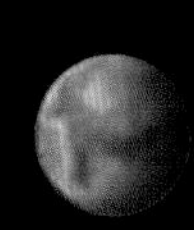

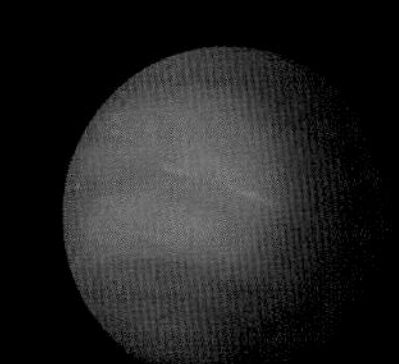

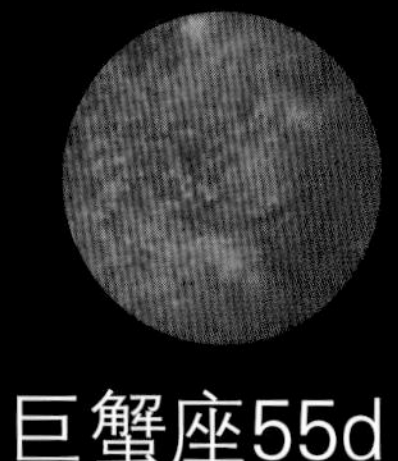

巨蟹座55e		巨蟹座55b		巨蟹座55c		巨蟹座55d	
质量	7.99 个地球	质量	0.83 个木星	质量	0.17 个木星	质量	3.88 个木星
轨道周期	2.8 天	轨道周期	14.65 天	轨道周期	44.42 天	轨道周期	5169 天
与中央星的距离	0.0157天文单位*	与中央星的距离	0.115天文单位*	与中央星的距离	0.24 天文单位*	与中央星的距离	5.7 天文单位*

*1天文单位为日地平均距离，约为1.5亿公里。

寻找系外行星困难吗?

遥远的恒星

系外行星很难找到，主要有几个原因。其一是有行星环绕的恒星距离地球过于遥远。目前距离地球最近且周围有行星的恒星，与我们之间的距离也超过了4光年。该恒星发出的光，要在宇宙中传播4年，才能被地球上的望远镜观测到。

暗淡的行星

此外，行星本身并不会发光，所以行星非常暗淡，因为它们是通过反射中央星的光而发光的，而行星的反光会被更加明亮的中央星光芒覆盖，就像蜡烛的火焰在探照灯的强光下会像“消失”一样看不到。

你知道吗?

与我们距离最近的恒星比邻星，距离地球约4.2光年。想在它周围看到行星，就像在纽约的一个人，试图看到远在洛杉矶的一个探照灯附近的萤火虫一样。

想要通过行星的反光来发现系外行星，就像试图在探照灯旁边找到一只萤火虫一样。恒星可能比环绕它们的行星亮数十亿倍。

许多系外行星都是通过使用位于美国得克萨斯州的霍比-埃伯利望远镜（Hobby-Eberly Telescope，HET）而被发现的，这是世界上最大的光学望远镜之一（这个望远镜的设计目的是收集可见光）。

寻找系外行星是一项非常困难的挑战。天文学家们必须用强大的望远镜搜寻天空，并用复杂的计算机程序来分析发现的线索。

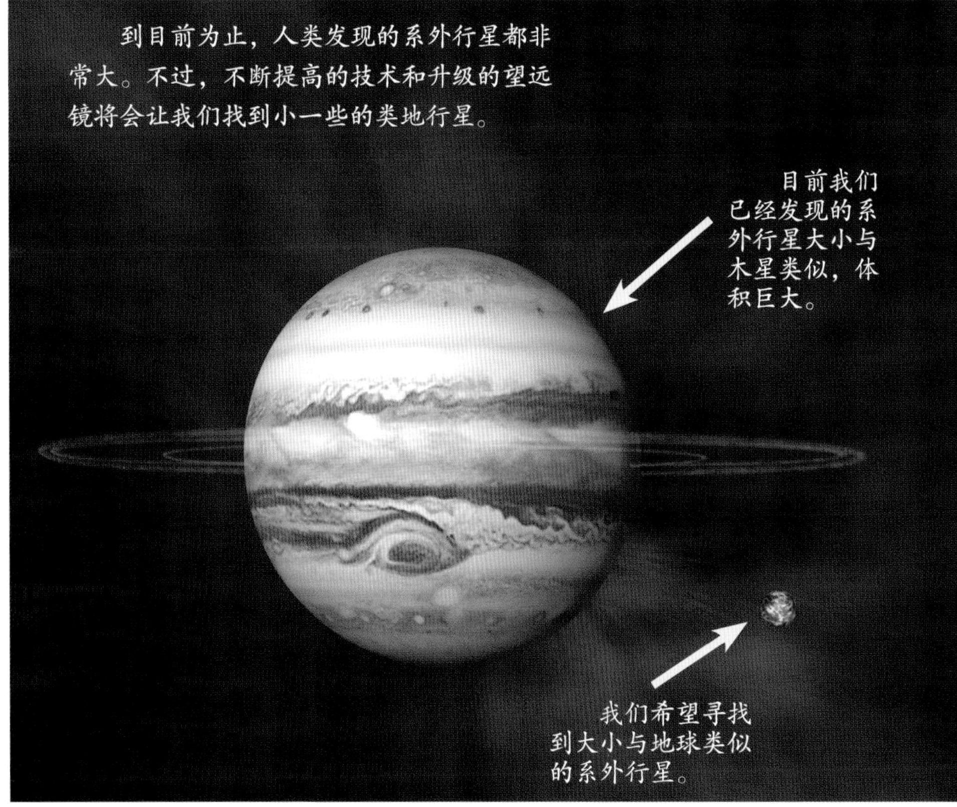

天文学家们如何寻找系外行星?

天文学家们通常不会试图为系外行星拍照，而是寻找一些恒星周围的信号变化，这些由行星运动或行星引力导致的恒星星光的变化可以暗示系外行星的存在。

当行星从它所环绕的恒星前面经过时，它会挡住一部分恒星光线，地面和空间的灵敏探测器可以探测到这些光的变化。

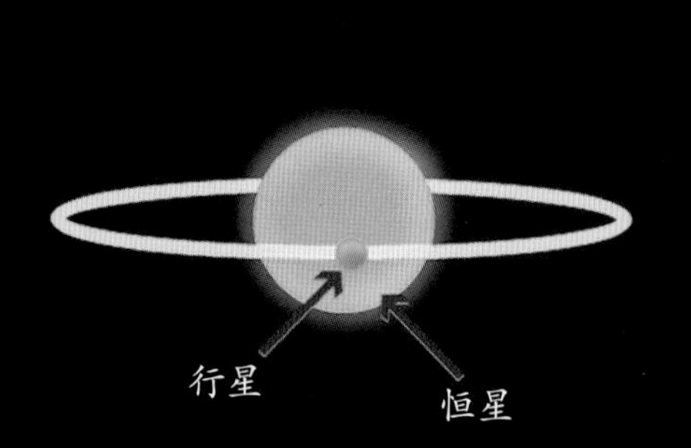

不同的望远镜可以观测不同的光，通过这些望远镜来研究恒星，可以揭示系外行星的存在。在这张艺术想象图中，系外行星反射出的可见光完全被中央星的光芒掩盖，看上去几乎要消失了。

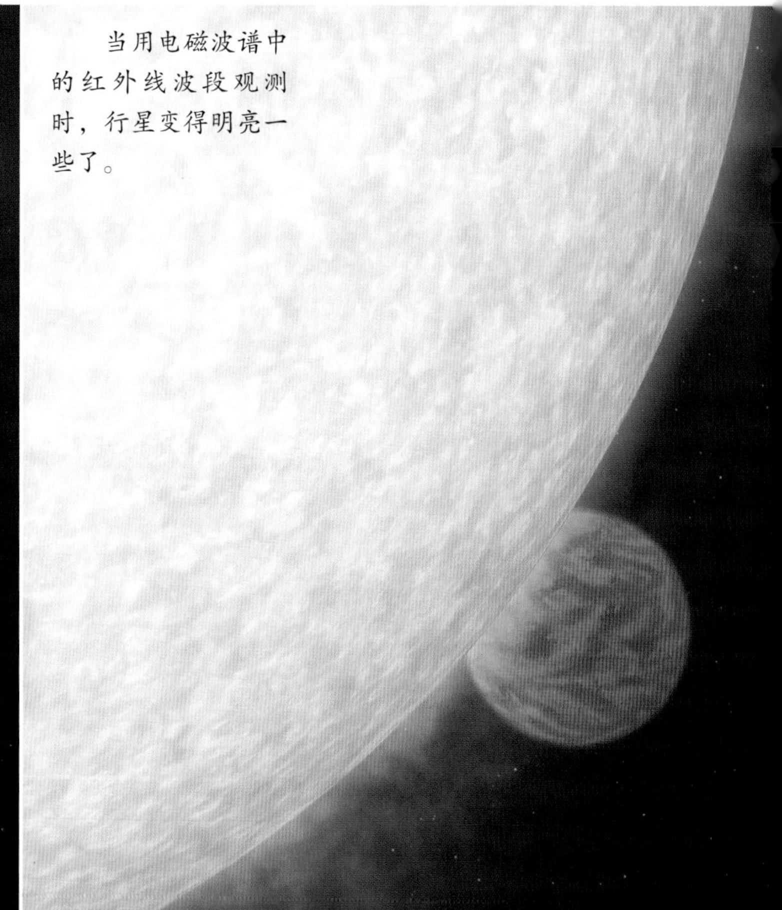

当用电磁波谱中的红外线波段观测时，行星变得明亮一些了。

天文学家将望远镜对准了他们认为可能有系外行星环绕的恒星，他们使用的是性能强大的地面或空间望远镜。

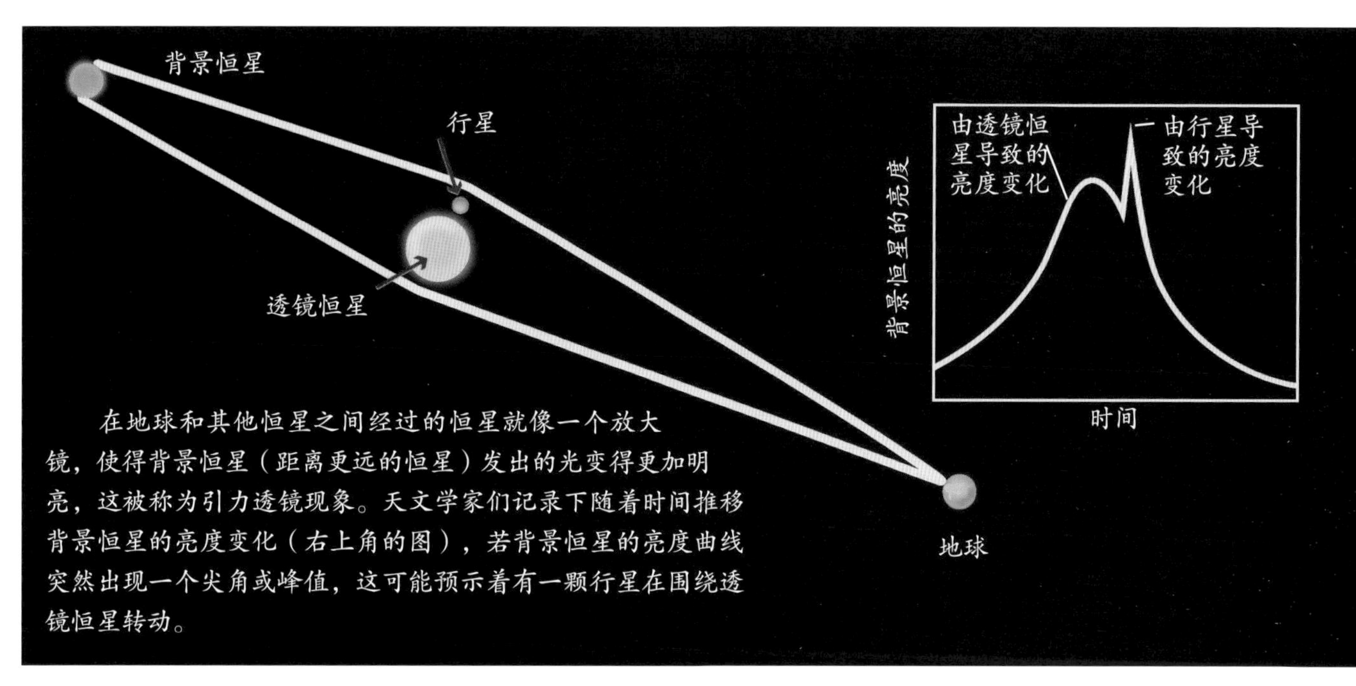

在地球和其他恒星之间经过的恒星就像一个放大镜，使得背景恒星（距离更远的恒星）发出的光变得更加明亮，这被称为引力透镜现象。天文学家们记录下随着时间推移背景恒星的亮度变化（右上角的图），若背景恒星的亮度曲线突然出现一个尖角或峰值，这可能预示着有一颗行星在围绕透镜恒星转动。

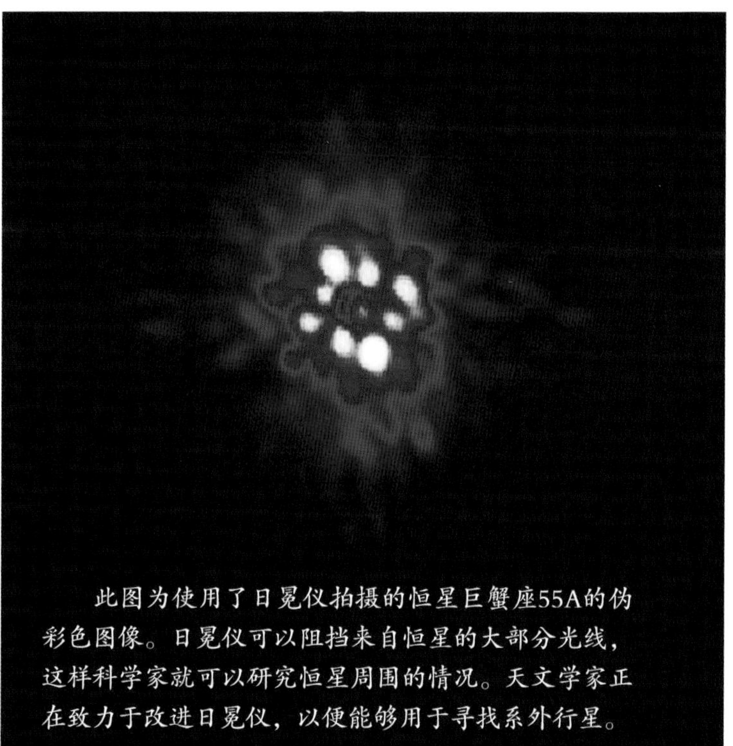

此图为使用了日冕仪拍摄的恒星巨蟹座55A的伪彩色图像。日冕仪可以阻挡来自恒星的大部分光线，这样科学家就可以研究恒星周围的情况。天文学家正在致力于改进日冕仪，以便能够用于寻找系外行星。

恒星摆动

由于引力的存在，即便是一颗很小的行星也能对自己所环绕的恒星产生拖拽的作用。行星的引力会使恒星产生轻微的摆动，这种摆动会导致恒星发出的光在可见光波段、射电波段或其他电磁辐射波段产生跃变。行星的引力还会导致中央星的位置发生变化。

光波的变化

恒星的摆动也会使来自恒星的光线波长发生变化。当望远镜观测发生恒星摆动的恒星时，随着恒星靠近和远离望远镜，恒星光线的波长与恒星没有发生摆动时的波长相比，会时而变短、时而变长，这种变化被称为多普勒效应。

凌星法寻找系外行星

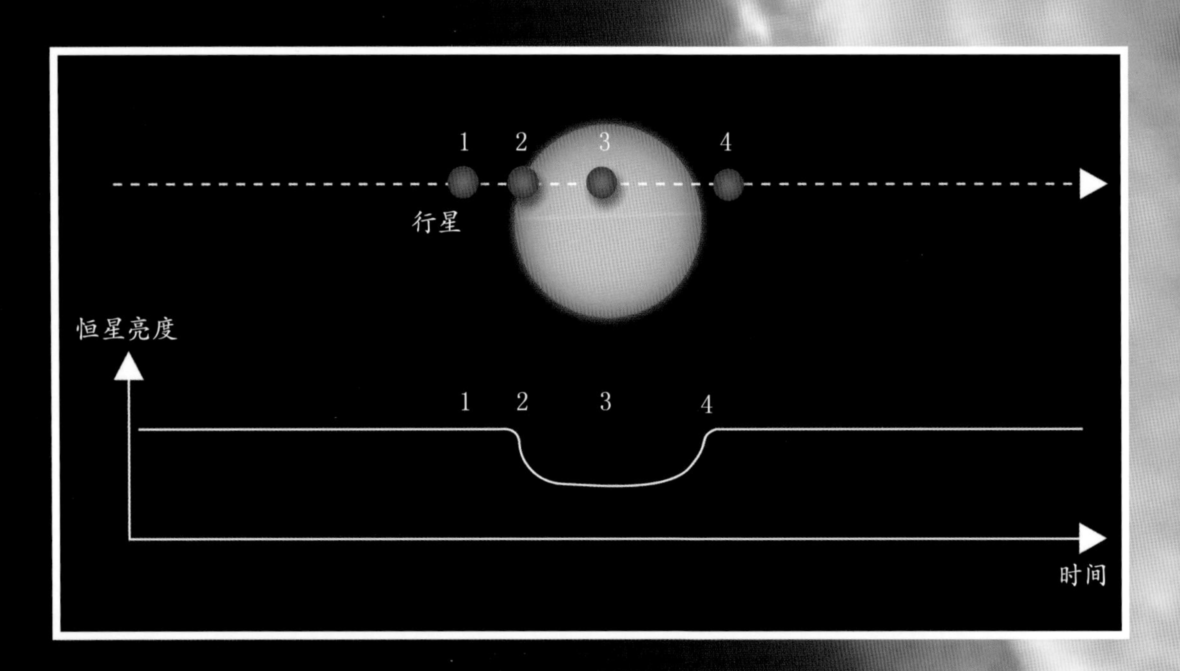

当行星从恒星前面经过时，恒星的亮度会变暗，这种现象被称为凌星。在行星开始凌星前（1），恒星处于最明亮的状态。随着行星开始从恒星前面经过，恒星会轻微变暗（2）。当行星直接从恒星前面经过时，它会阻挡更多的恒星光线（3）。凌星结束后（4），恒星的亮度恢复为正常状态。

2006年，天文学家使用哈勃空间望远镜观测了银河系中的一个距离银河中心非常近的区域，发现了16个可能是系外行星的天体。天文学家通过凌星法观察了这些系外行星候选者。其中一个天体可能是比木星还大的行星，它在距离中央星很近的轨道上运动，正如这张艺术家想象图所展示的那样。

天文学家最常用的行星搜寻法是什么?

声音中的多普勒效应

当一列火车接近我们，然后再远离我们时，我们能从火车汽笛声中听到一种名为多普勒效应的变化。火车朝着我们的方向驶来时，声波被压缩，声音听上去很尖锐。火车经过我们身旁并驶远时，声波被拉长，声音听上去就变得低沉。汽车在经过站立的人时，也会产生同样的多普勒效应。

火车不断靠近我们时，发出的声波被压缩，导致在站台上等车的人会听到频率较高的声音。随着火车从人身边驶过，火车的声波被拉长，声音听上去变得深厚低沉。这种现象被称为多普勒效应。

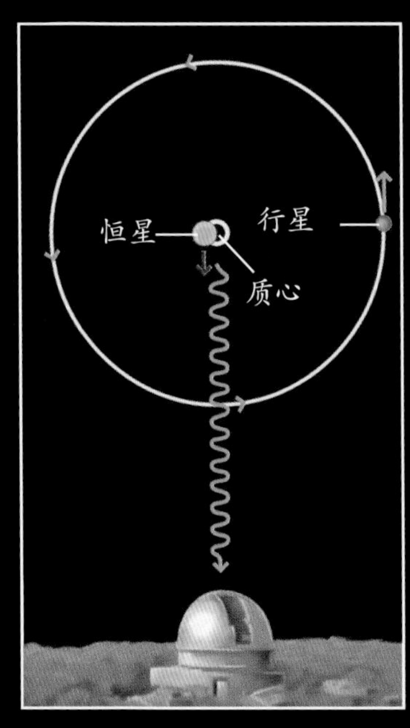

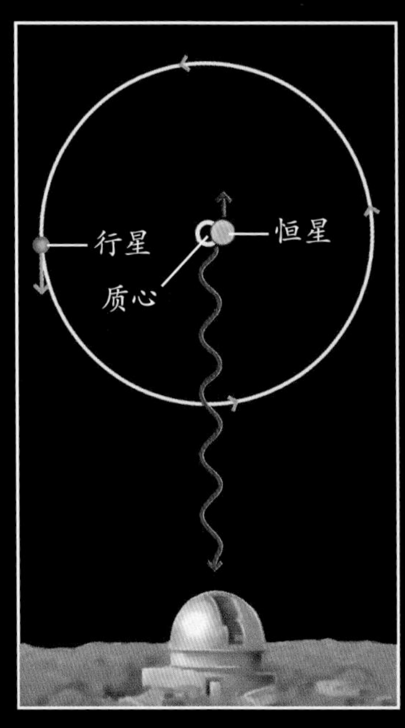

恒星发出的光线中隐藏着行星存在的线索。事实上，行星并不是严格围绕中央星转动的，而是恒星与行星围绕着它们共同的引力中心（质心）转动。恒星与行星始终位于质心的两侧。如果恒星的光线波长在变短（偏蓝色）和变长（偏红色）之间有规律地变化，这说明恒星一定是在轮替着朝向地球运动（左上）和远离地球运动（右上）。这种恒星摆动是由行星的引力引起的。

光线中的多普勒效应

光线也会因为运动状态发生变化而有所不同。蓝光波长较短，红光波长较长。当恒星朝向地球运动时，恒星光线的光波被压缩，波长会移向光谱中的蓝色方向。当恒星远离地球运动时，恒星光线的光波被拉长，波长会朝着光

大多数系外行星都是通过多普勒效应被发现的。多普勒效应出现于光波或声波被压缩或被拉伸时。

牧夫座τb与它的中央星之间的距离太近了，所以它很可能是目前已知的最热的系外行星之一。它是首批通过计算机分析星光而发现的行星之一。

谱中的红光方向移动。天文学家看到恒星光线发生蓝移或红移时，就能断定此变化可能是由行星对恒星的引力拖拽而引起的。

你知道吗？

恒星发出的光线亮度可能比环绕它的行星反射的光线亮度亮100万~100亿倍。

科学家看到过系外行星吗?

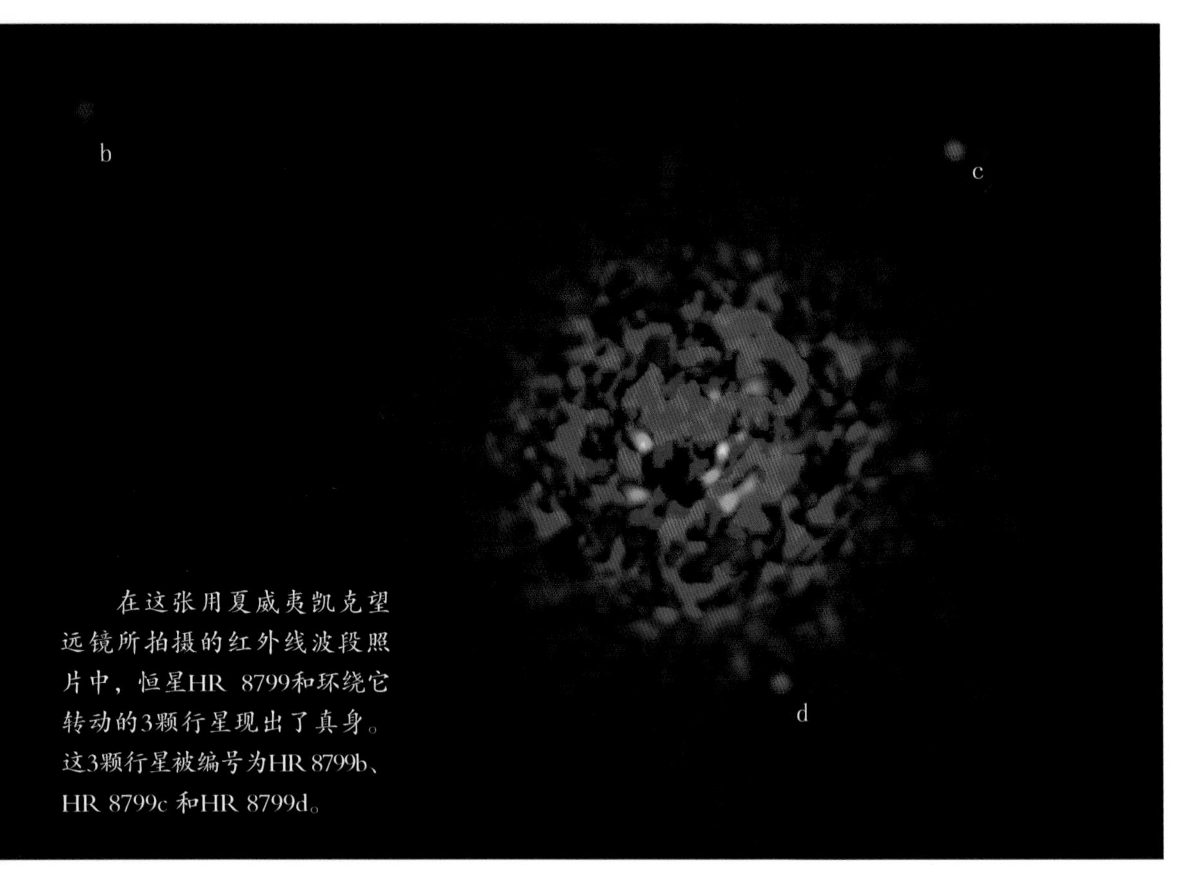

在这张用夏威夷凯克望远镜所拍摄的红外线波段照片中，恒星HR 8799和环绕它转动的3颗行星现出了真身。这3颗行星被编号为HR 8799b、HR 8799c 和HR 8799d。

艺术家笔下的行星HR 8799b，这颗行星体积比木星略大一些，但质量却是木星的7倍。

2008年，科学家公布了第一张直接拍摄的系外行星照片。这张照片清晰地显示出了围绕恒星HR 8799转动的3颗行星。这颗恒星位于飞马座，距离太阳系约130光年。

天文学家还拍摄了另外一颗恒星——北落师门（南鱼座α）周围的行星。这颗

大多数系外行星都是被间接发现的。不过，2008年，天文学家宣布他们制作了第一张直接拍摄到的系外行星的照片。

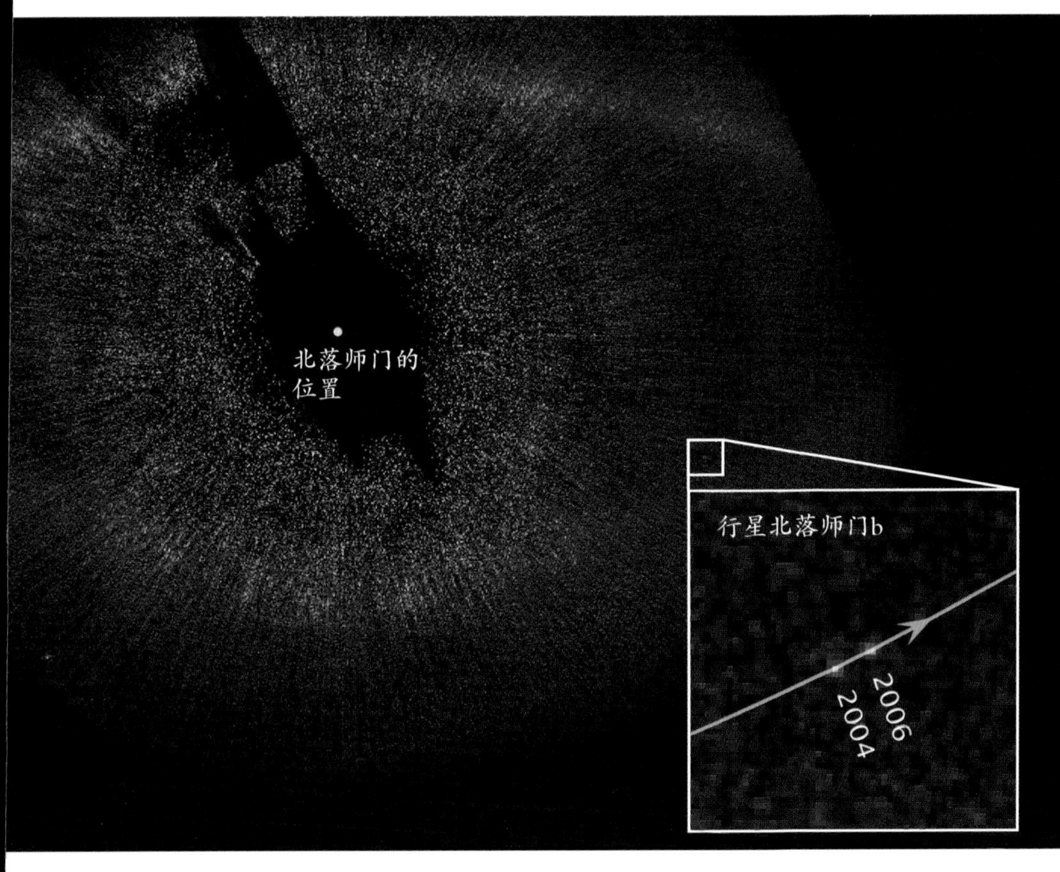

在这张合成照片（左边插入图）上，一颗新发现的系外行星北落师门b，在环绕中央星北落师门转动的轨道上出现了两次。哈勃空间望远镜在观测这颗行星发出的红外线辐射时，拍摄了这张照片。这颗行星位于北落师门的巨大的尘埃盘中，距离尘埃盘的内边缘约29亿公里（左图）。

恒星位于南鱼座中，距离地球约25光年。

这两颗恒星都被聚集成盘状的气体和尘埃环绕着。天文学家认为系外行星就是从这样的结构中诞生的，同时他们相信太阳系中的行星也是这样形成的。

艺术家笔下的环绕北落师门转动的行星，它周围可能有由尘埃组成的与土星环类似的环状结构。这颗行星的质量是木星的3倍，与中央星之间的距离是木星到太阳距离的23倍。

系外行星像地球吗？

到目前为止，绝大多数已发现的系外行星都是巨大的气体球。它们没有与地球类似的固态表面。而且大部分系外行星与中央星之间的距离，比太阳系里离太阳最近的水星与太阳之间的距离还要近。在与中央星如此靠近的行星上，温度会比地球高上许多倍。

你知道吗？

在类太阳恒星的宜居带中转动的系外行星，环绕中央星运动一圈将会需要一年的时间。

一颗编号为格利泽581c的系外行星可能位于其中央星的宜居带中。然而科学家们并不确定这颗行星是否确实拥有液态水和点缀着一缕缕云彩的大气层，就如艺术家想象中的从一颗未被发现的行星卫星上看去的那样。

HD 85512b

至今，已被发现的最像地球的行星之一位于红矮星HD 85512周围，这颗行星距离地球约36光年远，天文学家将其编号为HD 85512b，它位于中央星的宜居带中。宜居带是与中央星距离非常适中的地方，这里的行星温度既不会太高，也不会过低，这样行星上可以保有液态水。液态水是我们已知的生命存在所必需的物质。

对于HD 85512b，天文学家们有许多疑问。它真的有水吗？它有岩石表面吗？或者，这颗行星全部都被海洋覆盖着吗？

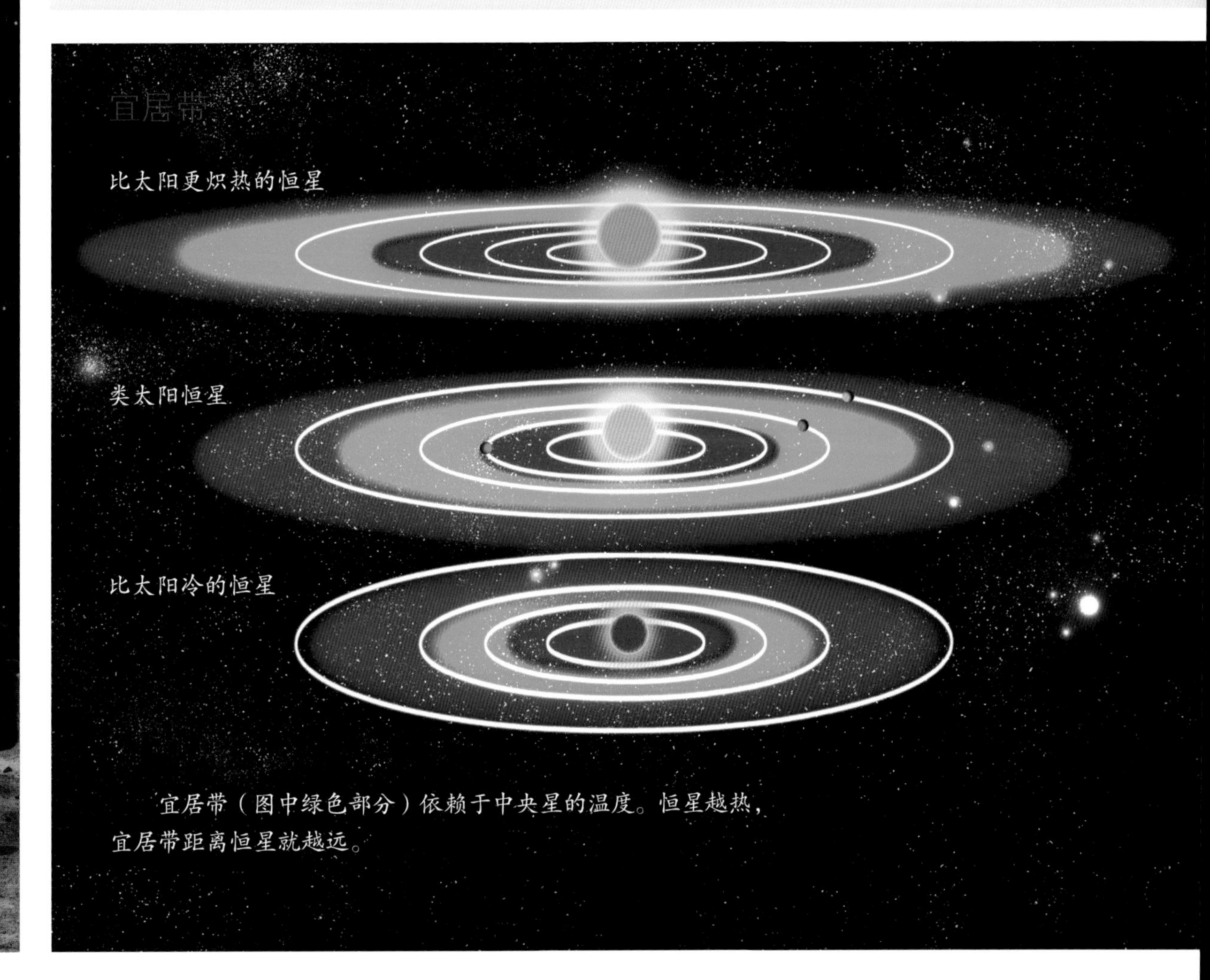

宜居带（图中绿色部分）依赖于中央星的温度。恒星越热，宜居带距离恒星就越远。

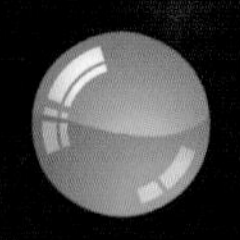

什么是超级地球?

低温的超级地球

超级地球是质量约为地球质量的1~10倍的行星。大多数超级地球的温度都很低，无法支持生命的存在。一些天文学家认为，在红矮星周围形成的冰冻的超级地球缘于恒星上的“暴风雪”。红矮星很暗淡，这导致它周围的气体和尘埃的温度很低，气体被冻成了固态的“雪花”。数百万年过去了，这些“雪花”落在了超级地球上，使得超级地球变得更加巨大了。

艺术家想象的围绕着红矮星转动的超级地球。

超级地球比地球体积大，但是比由气体构成的系外行星体积小。天文学家认为超级地球是由岩石和冰块构成的。

一些超级地球拥有与地球的卫星——月球类似的卫星。这张示意图表示的是，一颗大卫星围绕着一颗超级地球转动，而超级地球则围绕着一颗红矮星转动。

高温的超级地球

2011年，天文学家发现了一颗已知最小的超级地球。这颗行星被编号为开普勒10b，其大小还不到地球的2倍。开普勒10b距离它的中央星非常近，它完成一整圈环绕运动只需要地球上的20个小时。

这颗超级地球是由岩石构成的，但是它太热了，不适合生命存在。白天时它的温度可以达到1400摄氏度，比地球上的岩浆还要热，这都是因为它距离中央星过近造成的。

什么是脉冲星行星?

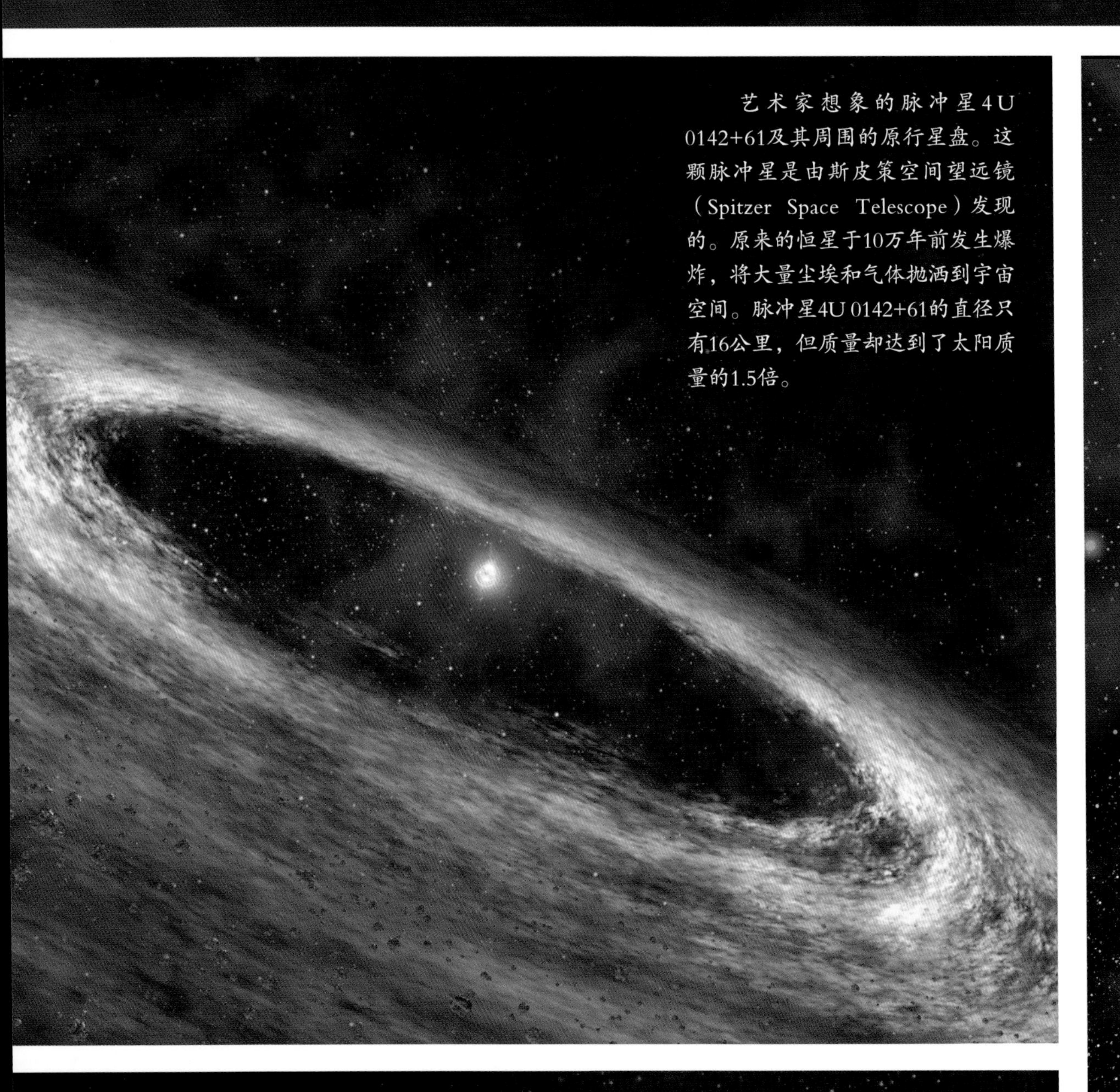

艺术家想象的脉冲星4U 0142+61及其周围的原行星盘。这颗脉冲星是由斯皮策空间望远镜（Spitzer Space Telescope）发现的。原来的恒星于10万年前发生爆炸，将大量尘埃和气体抛洒到宇宙空间。脉冲星4U 0142+61的直径只有16公里，但质量却达到了太阳质量的1.5倍。

你知道吗?

人类发现的第一颗系外行星是围绕脉冲星转动的，第一个被发现的行星系的中央星就是脉冲星。

脉冲星行星就是环绕着被称为脉冲星的致密天体转动的行星。

艺术家想象中的脉冲星发射出了强大的辐射光束，这种辐射会对恒星周围的行星造成冲击，使得我们已知的生命形态都无法存在。

脉冲星是快速旋转的中子星，当接近死亡的大质量恒星发生巨大爆炸——超新星爆发时，会在中央形成一颗中子星。脉冲星会规律地发射出强大的电磁辐射。关于脉冲星行星是如何形成的，天文学家主要有两种说法。

形成于超新星爆发之前

这些行星本来就围绕着原来的恒星转动，就像太阳系里的行星形成过程一样，后来它们又在惊天动地的超新星爆发中幸存下来。但天文学家相信这并不太可能，因为爆炸产生的冲击力足以破坏所有的行星或者将它们逐出行星系。

形成于超新星爆发之后

脉冲星行星更可能是在超新星爆发之后出现的。被驱散的恒星外部壳层很可能会形成一个由气体和尘埃构成的盘状结构，它环绕在脉冲星周围。随着时间的推移，引力会使得一些物质聚集成更大的团块，甚至形成岩质行星。

生命在脉冲星行星上几乎无法存在。来自脉冲星的X射线和其他高能辐射会猛烈地冲击行星，我们已知的生命无法在这样致命的辐射中存活下来。

关注 系外行星可能是什么样的?

没有人能近距离地观察系外行星。所以天文学家和艺术家们使用望远镜和其他仪器的观测数据来猜测这些行星的样子。例如，他们经过分析后认为，行星反射的光线中就藏有一些线索，这些线索可以揭示出行星大气或表面是由什么化学物质构成的。

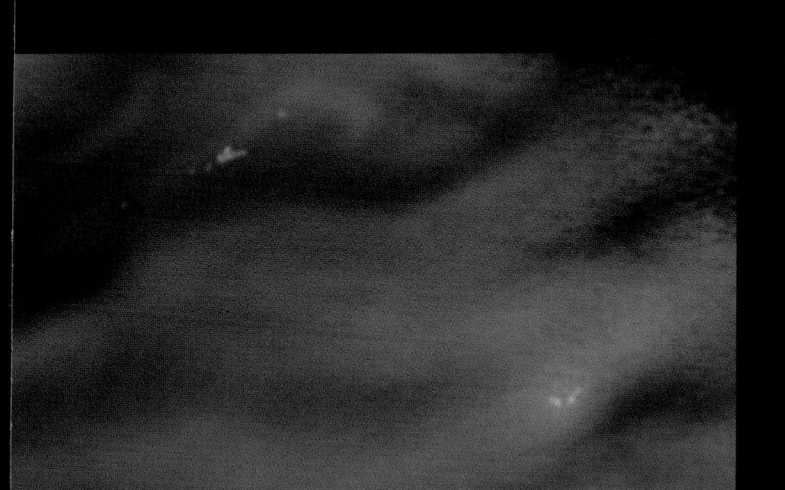

◀ 系外行星HD 70642b的质量达到木星质量的2倍。在这张艺术家想象图中，该行星占据了假设存在的卫星上方的绝大部分天空。这颗行星与其中央星之间的距离是木星与太阳之间距离的3/5。这意味着更小、更像地球的行星很可能也是这个行星系中的一员。

艺术家笔下的系外行星HD 209458b是银河系内发现的众多热木星中的一员。这样的行星，其质量至少与木星相当，但是它们的轨道却距离中央星非常近。HD 209458b与中央星的距离只有水星和太阳之间距离的1/8。行星表面的温度高达1000摄氏度，比水星热2倍多。

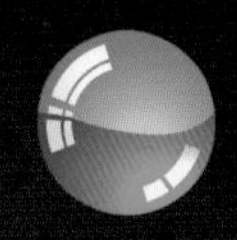

什么是气态巨行星?

气态巨行星与类地行星不同，后者具有岩石和固态表面。截至目前，人类发现的系外行星中，几乎一半都是气态巨行星。

太阳系中的气态巨行星

太阳系里有四颗气态巨行星，它们是木星、土星、天王星和海王星。木星是其中最大的行星，赤道直径达到了约143000公里；海王星赤道直径约为49500公里，它是距离太阳最远的行星。气态巨行星均位于太阳系里靠外的地方，它们都非常寒冷，木星表面温度为零下168摄氏度，而海王星表面温度为零下214摄氏度。

气态巨行星木星是太阳系里最大的行星，它的内部可以装得下1300个地球。

你知道吗?

由于气态巨行星主要由气体构成，所以它们的密度比地球这样的岩质行星小得多。如果把土星放到水里，它甚至会漂起来。

气态巨行星是比地球大许多倍的气体球。它们没有固态表面，但内核很有可能是由液态金属构成的。

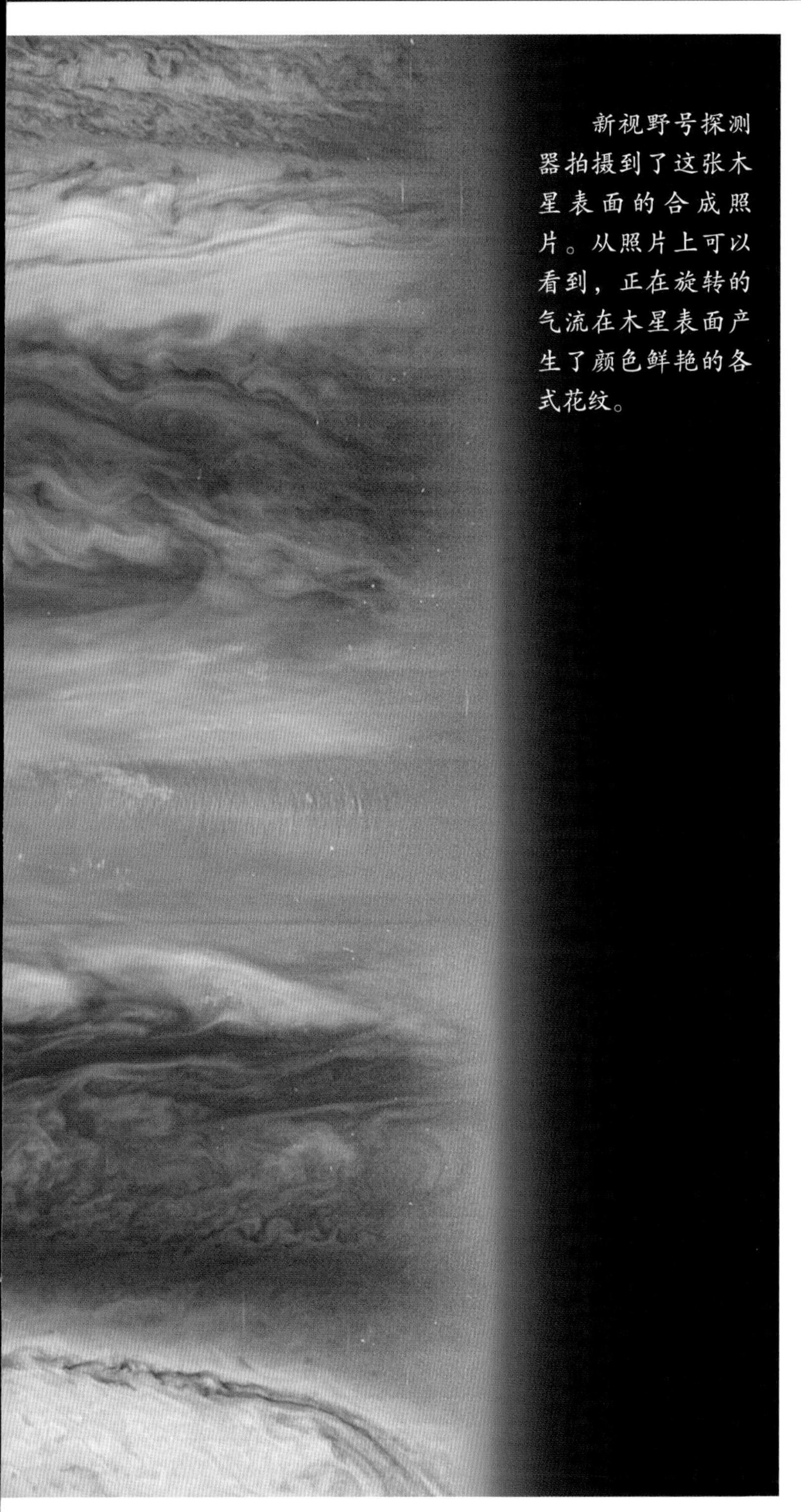

新视野号探测器拍摄到了这张木星表面的合成照片。从照片上可以看到，正在旋转的气流在木星表面产生了颜色鲜艳的各式花纹。

始于高温，还是始于寒冷

一些天文学家相信，气态巨行星始于远在太阳系边缘的巨大冰冻球。在漫长的时间里，冰冻球吸收了大量气体物质并越长越大，而它的引力就会吸引更多的气体。其他天文学家则认为，这些气态巨行星始于一颗炽热的气体球。当气体球长大后，它的引力会吸引固态物质，并利用这些物质形成行星的内核。

木星上的大红斑（图片中央）和小红斑（图中间偏右），科学家认为它们是长期肆虐在木星表面的风暴，与地球上的气旋很类似。

什么是热木星?

热木星是如何形成的

由于热木星的轨道距离它们的中央星非常近，所以热木星的温度非常高。天文学家认为，热木星是由恒星周围的盘状结构中的气体和尘埃构成的。但是这些行星不太可能在距离中央星特别近的地方形成，因为在盘状结构的内部并没有足够的气体。来自恒星的热量会将盘状结构中的气体和水蒸气驱散，只留下固态物质。因此，这些气态巨行星很可能形成于行星系中靠近外部的区域，那里的气体已经被冻结成冰块了。随后，热木星才开始朝着中央星的方向移动。

木星

- 主要由氢和氦构成
- 轨道周期：12个地球年
- 表面温度：−168摄氏度
- 半径：木星半径
- 质量：木星质量
- 平均密度：1.33克/立方厘米
- 卫星、环状、磁圈：已知
- 与太阳之间的距离：地球与太阳之间距离的5倍

艺术家想象中的热木星HD 149026b，它是已知的最热的系外行星之一，其表面温度高达2300摄氏度。

热木星是系外行星的一种，它的质量与木星类似。但是与木星轨道相比，热木星的轨道距离中央星要近得多。

- 主要由氢和氦构成
- 轨道周期：1.3~111个地球日
- 表面温度：1000摄氏度以上
- 半径：超过1.3倍木星半径
- 质量：0.36~11.8倍木星质量
- 平均密度：低于0.3克/立方厘米
- 卫星、环状、磁圈：未知
- 与中央星之间的距离：比水星与太阳之间的距离更近

艺术家想象中的热木星SWEEPS-10（右上），这颗行星只需要10小时就可以环绕中央星转动一圈。它距离中央星如此之近，以至于它表面的大气很可能已经被恒星的星风完全吹散了。

一颗新形成的气态巨行星正环绕一颗类太阳恒星转动（艺术家想象图）。与太阳系中的气态巨行星类似，太阳系外的气态巨行星也可能拥有卫星。

水的迹象

2005年，天文学家发现了一颗热木星。有迹象表明，这颗行星上存在液态水。这颗热木星被编号为HD 189733b，距离地球约63光年，其大气温度达到了700摄氏度。

什么是热海王星?

你知道吗?

一些热海王星可能被厚厚的冰层覆盖。尽管这些行星的表面温度很高，但受到恒星引力拖拽产生的高压作用，这些水能以固态形式存在。

让人困惑的行星

热海王星比海王星暖和很多。格利泽436b是第一颗被确认的热海王星，它被发现于2004年，轨道半径是海王星轨道半径的1/1000。格利泽436b只需要两天半的时间就可以围绕中央星旋转一圈。天文学家认为热海王星是大小与海王星类似的系外行星。但与海王星不同的是，这类系外行星与中央星的距离非常近。

艺术家笔下的系外行星格利泽436b。这颗行星是一颗热海王星，它所环绕的中央星的质量只有太阳的40%，而且温度也低于太阳。但是，格利泽436b距离中央星只有410万公里，这导致它的表面温度高达439摄氏度。

热海王星与热木星一样，也是在恒星周围的气体和尘埃盘中形成的，并从盘状结构的靠外部分逐渐移动到中央星附近，温度也变得越来越高。

到目前为止，人类发现的太阳系外的热海王星直径基本上是地球的4倍，而质量却是地球的约20倍。天文学家还没有确定这些热海王星究竟是由像地球一样的岩石构成，还是由像木星一样的气体构成。

是什么让地球生机勃勃?

适宜的温度

在太阳系中，地球正好位于太阳的宜居带内,地表的温度非常适合生命繁衍生息。这样的温度保证地球既能凉爽到保有液态水，又能温暖到不使水凝固成冰冻的状态。正如我们早已知道的，水是生命之源。

地球位于太阳的宜居带内，对于一个行星系来说，这个区域是产生生命的绝佳之所。

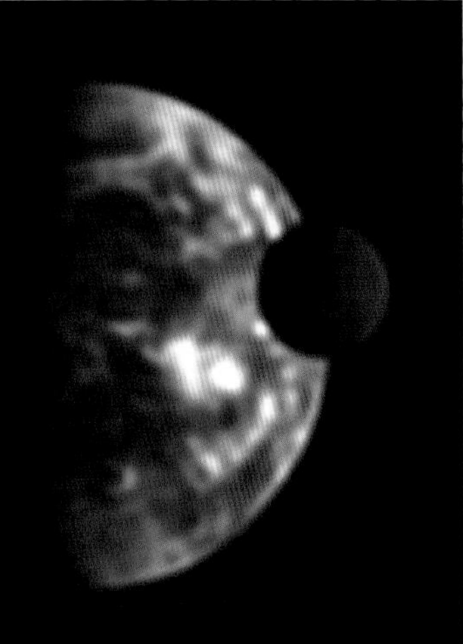

这张月球从地球前面经过的照片，是由美国国家航空航天局的“深度撞击号”彗星探测器于5000万公里之外拍摄的。远在太阳系之外的类地行星看上去是什么样的？这个探测器拍摄的照片可以帮助天文学家一探究竟。

在太阳系的所有行星和卫星中，地球是唯一已知的可以支持生命存在的天体。地球所拥有的独一无二的环境条件，使得地球能够繁衍出我们所知的生命。

恰到好处的大气层

地球的大气层中也包含了让生命产生的气体。我们常说的温室气体，在大气层中的含量非常适中，这些气体包括甲烷和二氧化碳。温室气体能够把到达地球表面的太阳辐射截住，不让它们逸散到太空中。就像温室上的玻璃一样，这些气体能为地球保温，从而有足够的温度产生生命。但是，大量的温室气体也会让地球变得过热而不适宜生命存在。

地球大气层中的气体比例恰到好处。它还含有适量的氧气，这是供动物呼吸和植物创造出食物所必不可少的。当动物吸入氧气后，它们会呼出二氧化碳，而植物则会吸入二氧化碳并释放氧气。

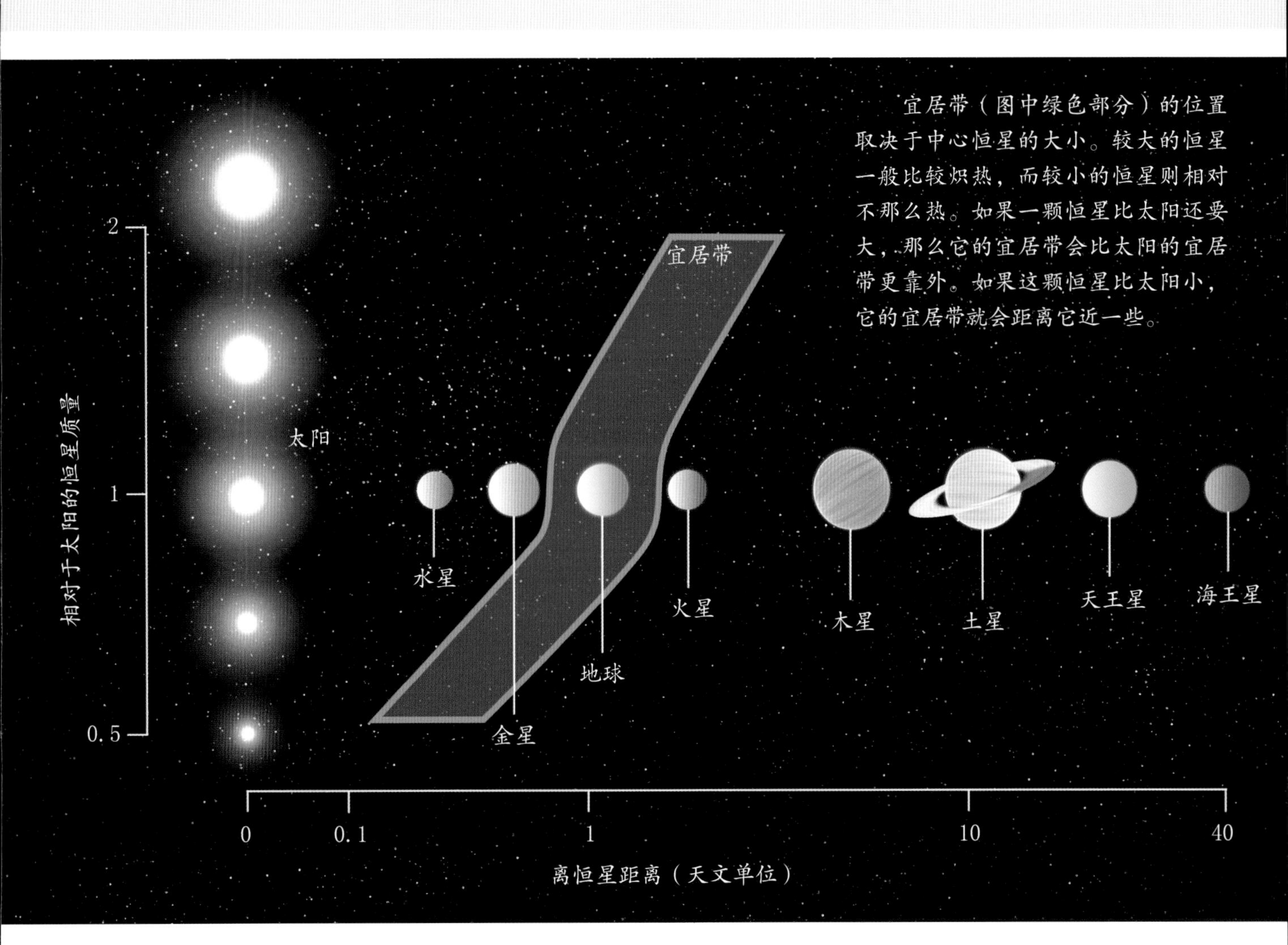

宜居带（图中绿色部分）的位置取决于中心恒星的大小。较大的恒星一般比较炽热，而较小的恒星则相对不那么热。如果一颗恒星比太阳还要大，那么它的宜居带会比太阳的宜居带更靠外。如果这颗恒星比太阳小，它的宜居带就会距离它近一些。

系外行星上有生命吗?

位于海底的热液喷口被称为热液烟囱，它们能够为生活在其周围的生物提供营养物质。这些生物包括虾、蟹、鱼以及巨大的管虫（图中的插图），它们并不需要阳光来提供生命所需的能量。地球上的许多其他生命都发展出了不需要阳光的额外生存技能，因此阳光并不是它们的能量来源。

与地球类似的条件必不可少

就我们目前所知，对于生活在系外行星上的生命而言，行星温度必须和地球温度差不多。其他因素，例如行星的大小、行星周围的磁场等，也同样不可缺少。天文学家们估计，在银河系中很可能有上百亿颗与地球类似的系外行星。

黑色的植物

对于生活在系外行星上的生命形态，天文学家和生物学家们正在提出一些新的想法。例如，外星世界的植物很可能不是我们熟知的绿色，而是黑色的。因为，如果它们的中心恒星是一颗很暗淡的恒星（比如红矮星），那么黑色的植物就能吸收更多的光线。

系外行星如果支持类似地球生命那样的生命体存在，它就不可能是一个气态巨行星，而是一颗和地球相似的固态岩质行星。

有生命的晶体

地球上的生命需要通过脱氧核糖核酸（DNA）分子和蛋白质来进行自我复制和履行功能。天文学家们目前正在研究外星世界中存在怪异生命的可能性。他们发现，当等离子体（构成太阳和其他恒星的一种物质形态，类似于气体状态）与云团中的尘埃相遇时，就会产生晶体。在国际空间站上进行的实验中，等离子体晶体形成了扭转的阶梯状外形，这与DNA的形态很一致。它能分别进行复制，甚至看上去还能发生进化。如此看来，外星生命是不是也能以等离子体晶体为基础呢？

在南极永久冰盖下3公里处，有一个名为沃斯托克湖的冰下湖，科学家们在这里发现了一种细菌，它们能够不依赖光照、空气和温度而存活。

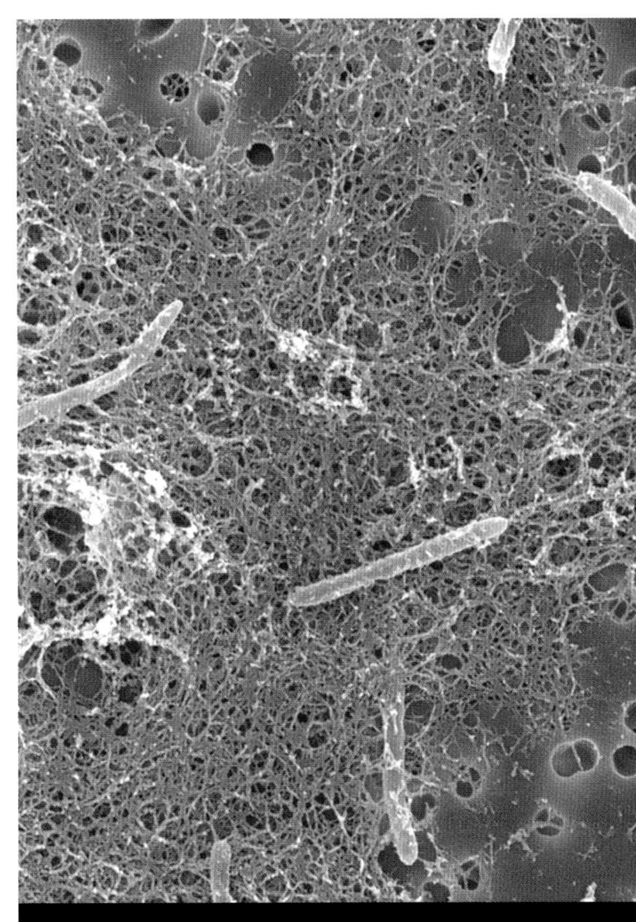

一种在南非地区的金矿中发现的细菌，即使没有阳光也依然能够生存。它们把自己周围岩石中的辐射物质当作能量来源。

为什么系外行星的大小至关重要？

质量足够大才能束缚住气体

通过研究太阳系里的行星，天文学家们已经了解了很多关于行星大气的知识。行星的质量必须足够大，才能让自身引力吸引和保持住大气。当太阳系的八大行星从原始太阳星云中产生时，它们的引力吸引了大量氢气和氦气，所有的行星都用这些气体形成大气层。随着时间的推移，太阳变得越来越热，它辐射出的能量将靠近自己的四颗行星上的较轻气体——氢气和氦气都驱散了。于是，水星、金星、地球和火星上一点大气都没有了。

地球和太阳系中其他行星上的火山喷发是行星气体的来源之一。

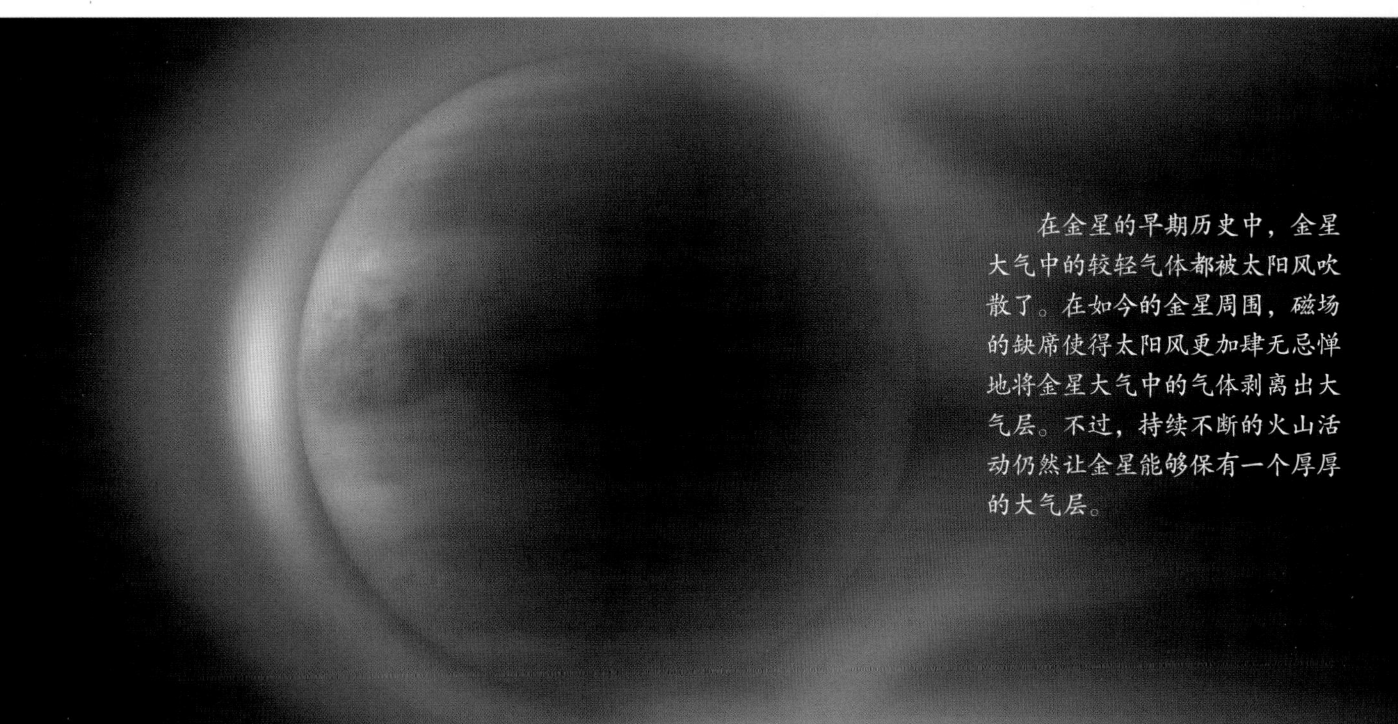

在金星的早期历史中，金星大气中的较轻气体都被太阳风吹散了。在如今的金星周围，磁场的缺席使得太阳风更加肆无忌惮地将金星大气中的气体剥离出大气层。不过，持续不断的火山活动仍然让金星能够保有一个厚厚的大气层。

行星上产生生命的机会取决于行星上有什么样的大气。行星大气的类型又取决于行星本身的质量以及行星与恒星之间的距离。

位置同样重要

漫长的时间过去了，随着火山的不断喷发，这四颗行星又再次形成了大气层。火山喷发将困在岩石中的水蒸气和二氧化碳释放出来。水星由于质量太小，其过小的引力无法将新形成的大气层束缚在行星表面。金星的大小与地球类似，但是它距离太阳太近了，所以大气层中的水分都蒸发殆尽了，只留下了二氧化碳。

火星的大气层相对很稀薄，科学家们认为有两个原因。第一，火星上的火山不再喷发气体，大气层失去了气体来源。第二，在许多可能的原因作用下，火星磁场消失了。最终导致的结果就是，来自太阳的带电粒子流逐渐将火星大气从火星表面剥离了。火星距离太阳太远了，又没有大气层的保温作用，于是表面的液态水就被冻成了冰。

在很久远的过去，火星也有着厚厚的大气层，而且还可能拥有强大的磁场。一些科学证据表明，火星早期历史中的一场陨石撞击可能扰乱了火星磁场，这使得大气层逸散的速度超过了火星重建大气层的速度。

科学家如何知道系外行星上是否存在生命?

隐藏在大气中的证据

当发现了地球大小的系外行星时，科学家们就要分析行星光线的光谱了。不同的化学分子会吸收不同颜色的光线或光带，以此揭示某些化学元素的存在。首先，科学家们会寻找行星大气中的标志物，他们会试着确定构成行星大气的气体，也会寻找行星上的水分子以及固态水存在的标志。

科学家们会将构成系外行星大气的气体与远古地球大气中的气体做比较。对于地球大气在过去数百万年中是如何演化的，科学家们早已绘制出了演化图表。早期地球大气中并没有能够自由移动的氧气分子，直到如细菌这样简单低等的生命形式出现后，地球大气才演化出了复杂生命形式需要的氧气。与植物类似的生命形式进化出来以后，光合作用释放的氧气又以植物代谢废物的形式进入了大气层。系外行星的大气层很可能就是遵循着与之类似的形式演化的。

艺术家笔下的系外行星HD 189733b，这颗行星拥有含甲烷和水分的大气层，这些成分很可能就是生命存在的标志。

们开始从来自系外行星的光线中寻找线索。

生物特征的标志

接下来，天文学家就会寻找所谓的生物特征。生物特征是生命的标志，在系外行星上，这种标志可能是大气中的一种气体，而这种气体恰好就是由生命产生的。二氧化碳、氧气和水蒸气的复合体就是一种生物特征，它能够表明植物的光合作用正在持续进行着；甲烷气体在作为生物特征时，可以表明细菌和动物类生命的存在；大气中的氧气则能够表明藻类和植物的存在。

行星是如何支持生命存在的?

地球上的植物和藻类产生氧气。

我们所知的所有生物如果离开了液态水，就无法实现各种生理功能。

地球上许多活着的生物体都会产生甲烷气体。

有寻找系外行星的新方法吗?

地面行星搜寻任务

在夏威夷莫纳克亚山的最高处，有两座10米口径的凯克望远镜。其收集到的光线，通过干涉测量法处理后，看上去就像是由一台巨大的望远镜收集到的一样。自2000年初开始，天文学家们就将凯克望远镜对准了可能拥有类地行星的恒星，他们希望能为每一颗已经发现的行星拍摄照片。

大双筒望远镜也已确定加入到类地行星搜寻计划中。这台望远镜有两个镜面，就像是一个巨大的双筒望远镜，它坐落在美国亚利桑那州的格拉汉姆山中。

空间行星搜寻任务

第一个专门用于搜寻类地行星的空间天文台是“开普勒任务”，它于2009年发射升空。“开普勒任务”对银河系的某个区域进行了集中搜寻。它仔细地检查了这个区域，寻找行星从它的中央恒星前方经过的迹象。2009年，凯克望远镜和开普勒望远镜组成了一个团队，在搜寻类地行星过程中共同使用他们的仪器。一旦开普勒望远镜发现了可能是行星的天体，凯克望远镜的天文学家就会用他们的望远镜分析来自这个天体的光线。

2018年10月中旬，开普勒空间望远镜飞行燃料已出现燃料即将用罄信

艺术家笔下欧洲空间局的科罗系外行星探测器（COnvection ROtation and planetary Transits，COROT）。这个探测器发射于2006年，是第一颗发射升空的用于寻找类地行星的空间探测器。

“开普勒任务”旨在银河系的一小块区域内，寻找在类太阳恒星周围运动的岩质行星。这台望远镜对约10万颗恒星进行了观测。

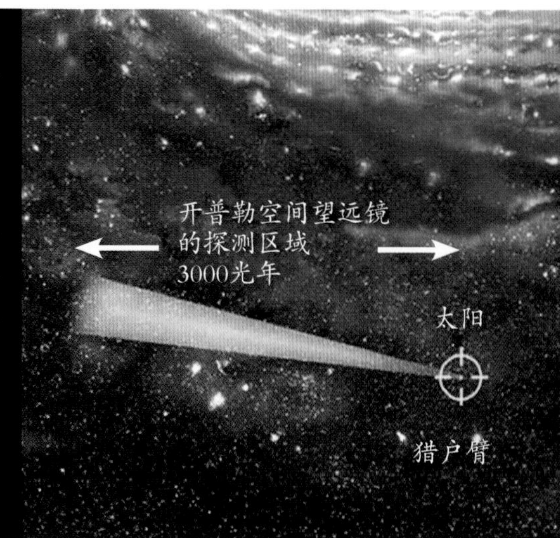

2000年初，天文学家就开始用性能强大的新型地面和空间望远镜来搜寻与地球大小类似的行星了。他们也开始将更加先进的技术应用到行星搜寻工作中。

号，正式进入退役倒数阶段，科学家们正尽力将所有数据回传地球。至10月30日，其燃料已完全耗尽，无法再受指令控制。后续任务已由2018年4月成功发射升空的“凌星系外行星巡天卫星（TESS）”接手。

未来的探测任务

中国科学院正在研究的“系外类地行星探测计划（STEP）”旨在发现更多的系外类地行星，探讨生命和宇宙的起源与演化。这一计划将发射一台大口径、长焦距、工作在可见光波段的光学望远镜，开展对太阳系附近行星系统的精确观测研究，同时为宇宙距离尺度定标。

加拿大宇航局的MOST望远镜（示意图），这架望远镜可以在自己的任务间歇期用于寻找系外行星。

美国宇航局的开普勒空间望远镜发射于2009年，这架望远镜的主镜直径为1.4米。